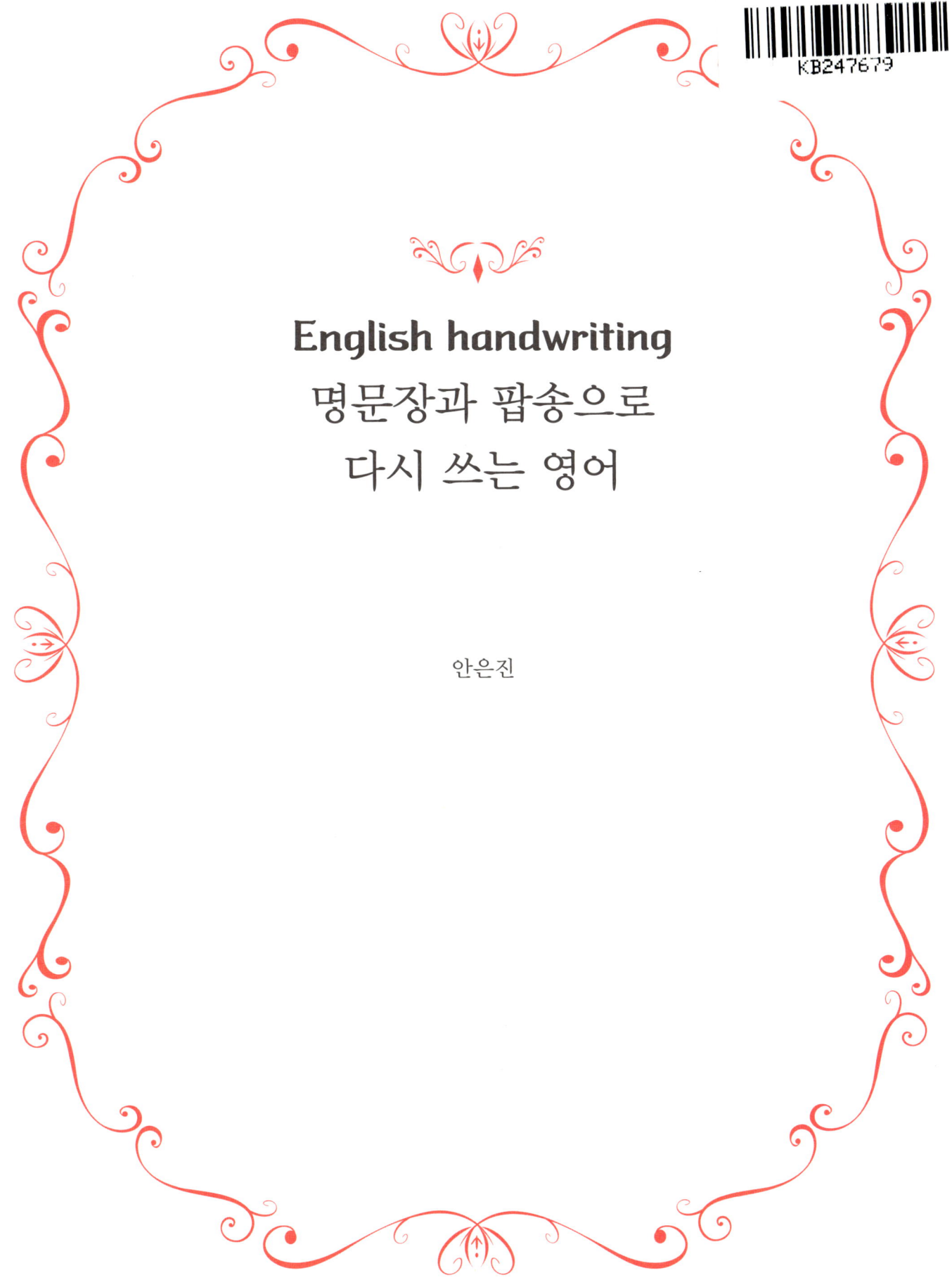

English handwriting

명문장과 팝송으로
다시 쓰는 영어

안은진

Re;Start series ❹ 영어 필사

: English handwriting 명문장과 팝송으로 다시 쓰는 영어

2026년 01월 26일 초판 인쇄
2026년 02월 02일 초판 발행

펴 낸 이 ┃ 김정철
펴 낸 곳 ┃ 아티오
지 은 이 ┃ 안은진
기획/진행 ┃ 김미영
마 케 팅 ┃ 강원경
디 자 인 ┃ 박효은
전   화 ┃ 031-983-4092
팩   스 ┃ 031-696-5780
등   록 ┃ 2013년 2월 22일
정   가 ┃ 16,000원
홈페이지 ┃ http://www.atio.co.kr

왜 손으로 따라 써야 할까요?

이 책은 영어를 좋아하는 사람들을 위한 추억 필사책입니다.

우리가 '소나무야'로 부르던 그 노래가 사실 'O Christmas Tree'였다는 걸 알고 있나요?

졸업식 때 함께 부르던 '석별의 정'이 원래는 'Auld Lang Syne'이라는 것도요?

전 세계가 한마음으로 부르는 'Silent Night'를 직접 써본다면 어떨까요?

영어는 단순히 외국어가 아닙니다.

우리 삶 곳곳에 스며든 문화이자, 추억이며, 감동입니다.

어린 시절 음악 시간에 불렀던 노래들 가운데에도,

번역본으로 만났던 고전 작품들,

크리스마스마다 들려오던 캐럴처럼 영어에서 온 이야기들이 적지 않았습니다.

이제 그 원래 모습을 손으로 직접 만나보세요.

이 책에는 특별한 영어가 담겨 있습니다.

딱딱한 교과서 영어가 아닌, 마음을 울리는 영어들입니다.

마음에 새기는 지혜의 명언들은 인생의 깊은 통찰을, 고전 문학 속 문장들은 시간을 초월한 아름다움을 전해줍니다. 그때 그 노래, 추억의 번안곡과 겨울밤의 캐럴들은 익숙한 멜로디 속에서 새로운 발견과 따뜻한 기억을 선사합니다.

복잡한 문법도, 어려운 단어도 필요 없습니다.

지금, 펜을 들고 시작해 보세요.

마음속 추억이 영어와 함께 되살아나는 것을 느끼실 것입니다.

이렇게 활용하세요.
필사를 더욱 의미 있게 만드는 방법들

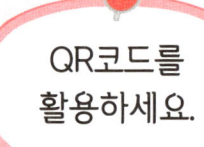

QR코드를 활용하세요.

- QR코드를 스마트폰으로 스캔하면 웹페이지로 연결됩니다. 명언, 고전, 번안곡, 캐럴의 링크를 클릭해서 들어보세요.
- 명언과 고전: 영어 + 한글 번역 후 영어만 한 번 더 읽어주는 MP3 파일
- 번안곡과 캐럴: 영상으로 제공

천천히 써보세요.

- 한 글자 한 글자에 집중하며 정성스럽게 써보세요. 서두르지 말고, 자신만의 속도로 진행하면 됩니다.

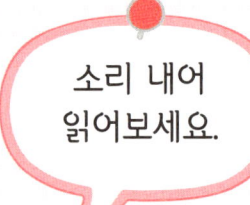

소리 내어 읽어보세요.

- 필사 후에는 작은 소리로라도 읽어보세요. 영어의 리듬과 운율을 느낄 수 있습니다.

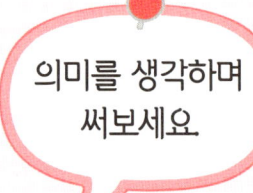

의미를 생각하며 써보세요

- 단순히 베껴 쓰는 것이 아니라, 문장의 의미를 생각하며 써보세요. 더 깊은 감동을 느낄 수 있습니다.

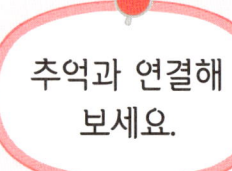

추억과 연결해 보세요.

- 각 문장이나 노래와 관련된 개인적인 추억이 있다면 떠올려보세요. 필사가 더욱 특별한 시간이 됩니다.

먼저 알아두세요.
필사를 시작하기 전에 알아둘 점들

번안곡에 대해
- 1910~1920년대의 오래된 레코드 녹음이라 잡음이 섞여 있으며, 특유의 빈티지한 음질을 느낄 수 있습니다.

원문의 특징
- 최대한 원곡의 뉘앙스와 분위기를 살리려 노력하다 보니, 옛 영어 표현이나 방언, 고어가 자연스럽게 등장할 수 있습니다. 이는 그 시대의 언어적 특성을 이해하는 기회가 될 것입니다.
- 구전으로 전해진 노래들이다 보니 가사도 여러 형태로 불려 와서, 기억하는 것과 다를 수 있습니다. 알고 계신 가사와 다를 경우 비교해 가며 읽어보시면 더욱 흥미로울 것입니다.
- 같은 명언이라도 전해지는 과정에서 누가 한 말인지 다르게 알려진 경우가 있습니다. 출처에는 차이가 있어도 그 뜻을 차분히 되새기며 읽어보시면 좋겠습니다.

노래 가사에 대해
- [우리 말 가사 써보기] 부분에는 노래 제목 뒤에 '가사'를 붙여 검색해 보시거나 옛 기억을 떠올려 직접 작성해 보세요.
- [직접 번역해 보기]에서는 영어 원문을 읽고, 나만의 느낌으로 번역해 보세요. 정확한 번역보다는 원곡의 감정과 분위기를 살려 자유롭게 표현하는 것이 중요합니다.

음성 안내
- 번안곡과 캐럴 영상은 주로 1절만 수록되어 있습니다. 전체 곡을 듣거나 한글 버전도 듣고 싶으시면 인터넷이나 유튜브에서 검색하여 감상하시기를 바랍니다.

자유롭게 즐기세요
- 정답은 없습니다. 자신만의 방식으로 자유롭게 즐기시면 됩니다.

CONTENTS

제1장 마음에 새기는 지혜의 명언들

제2장　고전 문학 속 빛나는 문구

CONTENTS

제3장　그때 그 노래, 추억의 번안곡

제4장　겨울밤의 아름다운 캐럴

제1장

마음에 새기는
지혜의 명언들

삶과 인생 (Life & Living)

The flower that smells the sweetest is shy and lowly.
· William Wordsworth ·

가장 향기로운 꽃은 수줍고 겸손하다.   · 윌리엄 워즈워스 ·

Seize the moments of happiness, love and be loved! That is the only reality in the world, all else is folly.   · Leo Tolstoy ·

행복의 순간을 붙잡고, 사랑하며 사랑받아라! 그것이 이 세상의 유일한 현실이며, 나머지는 모두 헛된 것이다.   · 레오 톨스토이 ·

Our greatest ability as humans is not to change the world; but to change ourselves.   · Mahatma Gandhi ·

인간으로서 우리의 가장 큰 능력은 세상을 바꾸는 것이 아니라 우리 자신을 바꾸는 것이다.
· 마하트마 간디 ·

단어 해설

- smell = 냄새가 나다, 향기가 나다
- lowly = 겸손한, 낮은
- seize = 붙잡다, 잡아채다
- reality = 현실
- folly = 어리석음, 헛된 것

필사한 날   년   월   일

필사하며 떠오른 한 줄 생각

희망과 긍정 (Hope & Positivity)

He who has health, has hope; and he who has hope, has everything.
•Thomas Carlyle•

건강한 자는 희망이 있고, 희망이 있는 자는 모든 것을 가졌다.　　•토머스 칼라일•

We can complain because rose bushes have thorns, or rejoice because thorn bushes have roses.　　•Abraham Lincoln•

우리는 장미 덤불에 가시가 있다고 불평할 수도, 가시덤불에 장미가 있다고 기뻐할 수도 있다.
•에이브러햄 링컨•

Believe you can and you're halfway there.　　•Theodore Roosevelt•

할 수 있다고 믿으면 절반은 성공한 것이다.　　•시어도어 루스벨트•

 단어 해설

- complain = 불평하다
- thorn bushes = 가시덤불
- rose bushes = 장미 덤불
- halfway = 절반
- rejoice = 기뻐하다

필사한 날   년   월   일

필사하며 떠오른 한 줄 생각

사랑과 우정 (Love & Friendship)

There is nothing on this earth more to be prized than true friendship. ·Thomas Aquinas·

이 세상에 진정한 우정보다 더 귀한 것은 없다. · 토마스 아퀴나스·

The greatest happiness of life is the conviction that we are loved; loved for ourselves, or rather, loved in spite of ourselves. ·Victor Hugo·

인생에서 가장 큰 행복은 우리가 사랑받는다는 확신이다. 있는 모습 그대로 사랑받는다는, 아니 더 정확히 말하면 우리의 결함에도 불구하고 사랑받는다는 확신 말이다. · 빅토르 위고·

A true friend is the best possession. ·Benjamin Franklin·

진정한 친구는 최고의 재산이다. · 벤저민 프랭클린·

 단어 해설

· prized = 소중히 여겨지는, 귀하게 여겨지는
· possession = 재산, 소유물

· conviction = 확신, 신념

따라 써보기

필사한 날 [   ] **년** [   ] **월** [   ] **일**

필사하며 떠오른 한 줄 생각

용기와 도전 (Courage & Challenge)

It is better to act and repent than not to act and regret.

•Nicolò Machiavelli•

행동하고 후회하는 것이 행동하지 않고 후회하는 것보다 낫다.   •니콜로 마키아벨리•

Falling down is not a failure. Failure comes when you stay where you have fallen.   •Socrates•

넘어지는 것은 실패가 아니다. 실패는 넘어진 곳에 그대로 머물러 있을 때 온다.   •소크라테스•

My powers are ordinary. Only my application brings me success.
•Isaac Newton•

나의 능력은 평범하다. 오직 나의 노력만이 성공을 가져다준다.   •아이작 뉴턴•

 단어 해설

- repent = 후회하다, 뉘우치다
- regret = 후회하다
- falling down = 넘어지는 것
- failure = 실패
- fallen = 넘어진
- ordinary = 평범한, 보통의
- application = 노력, 적용

필사한 날   년   월   일

필사하며 떠오른 한 줄 생각

명언

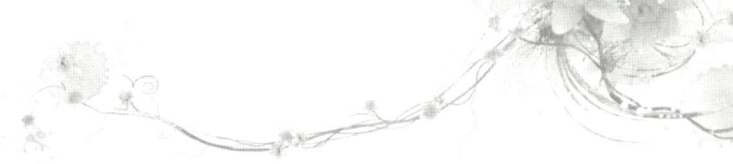

감사와 만족 (Gratitude & Contentment)

Happiness will never come to those who fail to appreciate what they already have. • Gautama Buddha •

이미 가지고 있는 것에 감사할 줄 모르는 사람에게는 행복이 결코 오지 않는다. • 고타마 붓다 •

The greatest wealth is to live content with little, for there is never want where the mind is satisfied. • Lucretius •

가장 큰 부는 적은 것에 만족하며 사는 것이다. 마음이 만족하는 곳에는 결코 부족함이 없다. • 루크레티우스 •

Let us be grateful to people who make us happy. • Marcel Proust •

우리를 행복하게 해주는 사람들에게 감사하자. • 마르셀 프루스트 •

 단어 해설

• appreciate = 감사하다, 소중히 여기다
• wealth = 부, 재산
• content = 만족하는
• want = 부족, 결핍
• satisfied = 만족한
• grateful = 감사하는

필사한 날 [　　　] **년** [　　　] **월** [　　　] **일**

필사하며 떠오른 한 줄 생각

지혜와 배움 (Wisdom & Learning)

Experience is the teacher of all things. •Julius Caesar•

경험은 모든 것의 스승이다. •율리우스 카이사르•

An investment in knowledge pays the best interest.

•Benjamin Franklin•

최고의 이자를 받을 수 있는 것은 지식에 대한 투자다. •벤자민 프랭클린•

Those that know, do. Those that understand, teach.

•Aristotle•

아는 사람은 행동하고, 이해하는 사람은 가르친다. •아리스토텔레스•

 단어 해설

• experience = 경험   • investment = 투자   • interest = 이자

필사한 날 [ ] 년 [ ] 월 [ ] 일

필사하며 떠오른 한 줄 생각

마음의 평화 (Peace of Mind)

It is a man's own mind, not his enemy or foe, that lures him to evil ways. · Gautama Buddha ·

사람을 악한 길로 유혹하는 것은 적도 원수도 아닌 자신의 마음이다. · 고타마 붓다 ·

He who is not satisfied with a little, is satisfied with nothing.

· Epicurus ·

작은 것에 만족하지 못하는 사람은 어떤 것에도 만족하지 못한다. · 에피쿠로스 ·

Rest and be thankful. · William Wordsworth ·

쉬고 감사하라. · 윌리엄 워즈워스 ·

 단어 해설

· enemy = 적
· evil = 악한
· foe = 원수, 적
· way = 길, 방법
· lures = 유혹하다

필사한 날   년   월   일

필사하며 떠오른 한 줄 생각

웃음과 기쁨 (Joy & Laughter)

Even the gods love jokes.   ·Plato·

신들조차 농담을 사랑한다.   ·플라톤·

Always laugh when you can. It is cheap medicine.

·Lord Byron·

가능할 때마다 웃어라. 웃음은 값싼 약이다.   ·로드 바이런·

The human race has one really effective weapon, and that is
laughter.   ·Mark Twain·

인류에게는 정말 효과적인 무기가 하나 있는데, 그것은 웃음이다.   ·마크 트웨인·

 단어 해설

- gods = 신들
- laugh = 웃다
- cheap = 값싼
- medicine = 약
- human race = 인류
- effective = 효과적인
- weapon = 무기

따라 써보기

필사한 날 　　　　년 　　　　월 　　　　일

필사하며 떠오른 한 줄 생각

시간과 인내 (Time & Patience)

Time is the most valuable thing we can spend.   ·Theophrastus·

시간은 우리가 쓸 수 있는 가장 가치 있는 것이다.   ·테오프라스토스·

Patience is bitter, but its fruit is sweet.   ·Jean-Jacques Rousseau·

인내는 쓰지만, 그 열매는 달다.   ·장 자크 루소·

Lost time is never found again.   ·Benjamin Franklin·

잃어버린 시간은 결코 다시 찾을 수 없다.   ·벤저민 프랭클린·

 단어 해설

• spend = 쓰다   • patience = 인내
• bitter = 쓴   • fruit = 열매

따라 써보기

필사한 날   년   월   일

필사하며 떠오른 한 줄 생각

자기 발견과 성장 (Self-Discovery & Growth)

If the first button of one's coat is wrongly buttoned, all the rest will be crooked. • Giordano Bruno •

외투의 첫 단추를 잘못 채우면, 나머지도 모두 삐뚤어진다. • 조르다노 브루노 •

What we know is a drop, what we don't know is an ocean.

-Isaac Newton-

우리가 아는 것은 한 방울만큼이고, 알지 못하는 것은 바다만큼이다. • 아이작 뉴턴 •

Think for yourself, or others will think for you, without thinking of you. -Henry David Thoreau-

스스로 생각하라. 그렇지 않으면 남이 당신 대신 생각할 것이다. 당신의 입장은 고려하지 않은 채.
• 헨리 데이비드 소로 •

 단어 해설

• wrongly = 잘못   • crooked = 삐뚤어진

따라 써보기

필사한 날 　　　 년 　　　 월 　　　 일

필사하며 떠오른 한 줄 생각

제2장

고전 문학 속
빛나는 문구

Anne of Green Gables
빨간 머리 앤

저자 : L.M. Montgomery(루시 모드 몽고메리)

"It's delightful when your imaginations come true, isn't it?"

"상상하던 것들이 현실이 되면 정말 기쁘지 않나요?"

"Oh, it's delightful to have ambitions. I'm so glad I have such a lot. And there never seems to be any end to them - that's the best of it. Just as soon as you attain to one ambition you see another one glittering higher up still. It does make life so interesting."

"아, 야망을 가진다는 건 정말 즐거운 일이야. 내게 이렇게 많은 야망이 있다는 게 참 기뻐. 그리고 그 야망들은 끝도 없는 것처럼 이어져. – 그게 가장 멋진 점이야. 하나를 이루는 순간 또 다른 야망이 저 위에서 반짝거리며 나타나거든. 삶을 정말 흥미롭게 만들어줘."

"I've done my best and I begin to understand what is meant by the 'joy of the strife.' Next to trying and winning, the best thing is trying and failing."

"난 최선을 다했고 드디어 '노력의 기쁨'이 뭔지 조금 알 것 같아. 노력해서 성공하는 게 제일 좋지만, 그다음으로 좋은 건 노력하다가 실패하는 거야."

📖 단어 해설

- delightful = 기쁜, 즐거운
- imaginations = 상상들
- come true = 현실이 되다, 실현되다
- ambitions = 야망들, 포부들
- attain = 달성하다, 이루다
- glittering = 반짝이는
- interesting = 흥미로운
- strife = 투쟁, 노력
- trying = 노력하는 것
- winning = 이기는 것, 성공하는 것
- failing = 실패하는 것

필사한 날 　　　　년 　　　　월 　　　　일

필사하며 떠오른 한 줄 생각

Great Expectations
위대한 유산

저자 : Charles Dickens(찰스 디킨스)

"Life is made of so many partings welded together."

"인생은 너무나 많은 이별이 용접되어 이루어진 것이지."

"Take nothing on its looks; take everything on evidence. There's no better rule."

"절대 겉모습만 보고 판단하지 마. 증거를 보고 판단해. 그보다 확실한 법칙은 없어."

Heaven knows we need never be ashamed of our tears, for they are rain upon the blinding dust of earth, overlying our hard hearts. I was better after I had cried than before, more sorry, more aware of my own ingratitude, more gentle.

신께서도 아시듯, 우리는 눈물을 부끄러워할 이유가 없다. 눈물은 마치 우리의 마음을 어지러이 덮고 있는 흙먼지 위에 내리는 비와 같다. 나는 울기 전보다 울고 난 뒤 훨씬 나아졌다. 더 깊이 미안함을 느꼈고, 내가 얼마나 감사할 줄 몰랐는지도 깨달았으며 마음도 한결 부드러워졌다.

📖 단어 해설

- partings = 이별들
- welded = 용접된
- looks = 겉모습, 외관
- evidence = 증거
- ashamed = 부끄러워하는
- blinding = 눈을 멀게 하는
- overlying = 덮고 있는
- aware = 깨닫는, 의식하는
- gentle = 온화한, 부드러운
- ingratitude = 배은망덕, 은혜를 모름

필사한 날 [　　　] 년 [　　　] 월 [　　　] 일

~~~~~~

~~~~~~

~~~~~~

~~~~~~

~~~~~~

~~~~~~

~~~~~~

~~~~~~

~~~~~~

~~~~~~

~~~~~~

~~~~~~

~~~~~~

~~~~~~

~~~~~~

~~~~~~

필사하며 떠오른 한 줄 생각

Alice's Adventures in Wonderland
이상한 나라의 앨리스

저자 : Lewis Carroll(루이스 캐럴)

"The best way to explain it is to do it."

"그걸 설명하는 가장 좋은 방법은 직접 해보는 거지."

"But it's no use going back to yesterday, because I was a different person then."

"하지만 어제로 돌아가 봤자 소용없어요. 그땐 지금의 나와는 다른 사람이었으니까요."

"Tut, tut, child!" said the Duchess. "Everything's got a moral, if only you can find it."

"쯧쯧, 얘야!" 공작부인이 말했다. "모든 것엔 교훈이 있단다. 네가 그것을 찾을 수만 있다면 말이지."

 단어 해설

• explain = 설명하다
• tut, tut = 쯧쯧 (혀를 차는 소리)
• if only = ~하기만 한다면

• no use = 소용없다, 아무 도움이 안 된다
• moral = 교훈, 도덕적 의미

따라 써보기

〰〰〰〰〰〰〰〰〰〰〰〰〰〰〰〰〰〰〰〰〰〰〰〰〰

〰〰〰〰〰〰〰〰〰〰〰〰〰〰〰〰〰〰〰〰〰〰〰〰〰

〰〰〰〰〰〰〰〰〰〰〰〰〰〰〰〰〰〰〰〰〰〰〰〰〰

〰〰〰〰〰〰〰〰〰〰〰〰〰〰〰〰〰〰〰〰〰〰〰〰〰

〰〰〰〰〰〰〰〰〰〰〰〰〰〰〰〰〰〰〰〰〰〰〰〰〰

〰〰〰〰〰〰〰〰〰〰〰〰〰〰〰〰〰〰〰〰〰〰〰〰〰

〰〰〰〰〰〰〰〰〰〰〰〰〰〰〰〰〰〰〰〰〰〰〰〰〰

〰〰〰〰〰〰〰〰〰〰〰〰〰〰〰〰〰〰〰〰〰〰〰〰〰

〰〰〰〰〰〰〰〰〰〰〰〰〰〰〰〰〰〰〰〰〰〰〰〰〰

〰〰〰〰〰〰〰〰〰〰〰〰〰〰〰〰〰〰〰〰〰〰〰〰〰

〰〰〰〰〰〰〰〰〰〰〰〰〰〰〰〰〰〰〰〰〰〰〰〰〰

〰〰〰〰〰〰〰〰〰〰〰〰〰〰〰〰〰〰〰〰〰〰〰〰〰

〰〰〰〰〰〰〰〰〰〰〰〰〰〰〰〰〰〰〰〰〰〰〰〰〰

〰〰〰〰〰〰〰〰〰〰〰〰〰〰〰〰〰〰〰〰〰〰〰〰〰

〰〰〰〰〰〰〰〰〰〰〰〰〰〰〰〰〰〰〰〰〰〰〰〰〰

필사하며 떠오른 한 줄 생각

The Adventures of Tom Sawyer
톰 소여의 모험

저자 : Mark Twain(마크 트웨인)

"Well, everybody does it that way, Huck."

"Tom, I am not everybody."

"글쎄, 모든 사람이 그렇게 하잖아, 허크."
"톰, 나는 그 사람들이 아니야."

"Maybe not, maybe not. Cheer up, Becky, and let's go on trying."

"그럴지도 모르고, 아닐지도 모르지. 기운 내, 베키, 계속 노력해 보자."

"Now you've asked for it, and I'll give it to you, because there ain't anything mean about me; but if you find you don't like it, you mustn't blame anybody but your own self."

"자, 네가 달라고 했으니 줄게. 난 못된 구석이 없으니까. 하지만 그게 마음에 들지 않는다면, 너 자신 말고 그 누구의 탓도 해선 안 돼."

 단어 해설

• cheer up = 기운 내다, 힘내다
• asked for = 요청했다, 달라고 했다
• trying = 노력하는 것, 시도하는 것
• mean = 심술궂은, 못된
• blame = 탓하다, 비난하다

필사한 날   년   월   일

The Wind in the Willows
버드나무에 부는 바람

저자 : Kenneth Grahame(케네스 그레이엄)

But it was good to think he had this to come back to; this place which was all his own, these things which were so glad to see him again and could always be counted upon for the same simple welcome.

하지만 그가 돌아올 수 있는 곳이 있다는 사실을 떠올리니 마음이 한결 편안해졌다. 이곳은 온전히 그만의 공간이었고, 물건들은 그를 다시 보게 되어 매우 기뻐했으며, 그것들은 언제나 변함없이 소박한 환영을 해줄 거라 믿고 기대할 수 있는 존재들이었다.

"Here to-day, up and off to somewhere else to-morrow! Travel, change, interest, excitement! The whole world before you, and a horizon that's always changing!"

"오늘은 여기 있다가, 내일이면 또 어디론가 떠나는 거야! 여행, 변화, 흥미, 그리고 설렘! 세상이 온통 네 앞에 펼쳐져 있고, 지평선은 늘 새로운 모습으로 바뀌지!"

For this is the last best gift that the kindly demi-god is careful to bestow on those to whom he has revealed himself in their helping: the gift of forgetfulness.

이것이 바로 자비로운 반신(半神)이 자신을 드러내어 도움을 주었던 이들에게 조심스레 베푸는 마지막이자 최고의 선물이다. 바로 망각이라는 선물이다.

단어 해설

- counted upon = 의지하다, 믿고 기대하다
- demi-god = 반신 (신과 인간 사이의 존재)
- revealed = 드러낸, 나타낸
- simple = 소박한, 단순한
- bestow = 내리다, 수여하다
- forgetfulness = 망각, 잊음
- horizon = 지평선

필사한 날　　　　　년　　　　　월　　　　　일

필사하며 떠오른 한 줄 생각

Little Women
작은 아씨들

저자 : Louisa May Alcott(루이자 메이 올컷)

"I'm not afraid of storms, for I'm learning how to sail my ship."

"저는 폭풍우가 두렵지 않아요, 제 배를 조종하는 법을 배우고 있으니까요."

"Be comforted, dear soul! There is always light behind the clouds."

"위로받으렴, 사랑스러운 영혼아! 구름 뒤에는 언제나 빛이 있단다."

"Money is a needful and precious thing, and when well used, a noble thing, but I never want you to think it is the first or only prize to strive for. I'd rather see you poor men's wives, if you were happy, beloved, contented, than queens on thrones, without self-respect and peace."

"돈은 필요하고 소중한 것이며, 잘 쓰일 때는 고귀한 것이지만, 나는 돈이 너희가 추구해야 할 첫 번째 혹은 유일한 가치라고 생각하는 것을 결코 원치 않는단다. 너희가 행복하고, 사랑받고, 만족하기만 한다면 자존감과 평화 없이 왕좌에 앉은 여왕이 되기보다 가난한 이들의 아내가 되는 것을 더 보고 싶구나."

단어 해설

- comforted = 위로받은
- precious = 소중한
- strive for = 추구하다, 노력하다
- thrones = 왕좌들
- soul = 영혼
- noble = 고귀한
- beloved = 사랑받는
- self-respect = 자존심
- needful = 필요한
- prize = 목표, 상
- contented = 만족하는

필사한 날　　　　년　　　　월　　　　일

필사하며 떠오른 한 줄 생각

Daddy-Long-Legs
키다리 아저씨

저자 : Jean Webster(진 웹스터)

I think that the most necessary quality for any person to have is imagination. It makes people able to put themselves in other people's places. It makes them kind and sympathetic and understanding.

저는 어떤 사람에게든 가장 필요한 자질은 상상력이라고 생각해요. 그것은 사람들이 다른 사람의 입장이 되어 볼 수 있게 해주며, 그들을 친절하고 동정심 많고 이해심 깊게 만들죠.

It isn't the great big pleasures that count the most; it's making a great deal out of the little ones - I've discovered the true secret of happiness, Daddy, and that is to live in the now. Not to be for ever regretting the past, or anticipating the future; but to get the most that you can out of this very instant.

가장 중요한 것은 크고 거창한 즐거움이 아니에요. 사소한 즐거움에서 많은 것을 이끌어내는 것이죠. – 저는 행복의 진정한 비결을 알아냈어요, 아저씨. 그것은 바로 '지금'을 사는 거예요. 영원히 과거를 후회하거나 미래를 미리 걱정하는 것이 아니라, 바로 이 순간에서 얻을 수 있는 최대한을 얻는 거죠.

I believe absolutely in my own free will and my own power to accomplish - and that is the belief that moves mountains.

저는 제 자신의 자유 의지와 무엇이든 이룰 수 있는 저의 힘을 절대적으로 믿어요. – 그리고 그것이 바로 산도 움직이는 믿음이죠.

단어 해설

- necessary = 필요한
- quality = 자질, 품질
- imagination = 상상력
- sympathetic = 공감하는, 동정하는
- pleasures = 즐거움들
- count = 중요하다, 가치가 있다
- discovered = 발견했다
- regretting = 후회하는 것
- anticipating = 예상하는 것, 기대하는 것
- instant = 순간
- absolutely = 절대적으로
- free will = 자유의지
- accomplish = 성취하다, 달성하다
- belief = 믿음

필사한 날　　　　　년　　　　　월　　　　　일

〰〰〰〰〰〰〰〰〰〰〰〰〰〰〰〰〰〰〰〰〰〰〰〰〰〰〰〰〰〰〰〰〰〰

〰〰〰〰〰〰〰〰〰〰〰〰〰〰〰〰〰〰〰〰〰〰〰〰〰〰〰〰〰〰〰〰〰〰

〰〰〰〰〰〰〰〰〰〰〰〰〰〰〰〰〰〰〰〰〰〰〰〰〰〰〰〰〰〰〰〰〰〰

〰〰〰〰〰〰〰〰〰〰〰〰〰〰〰〰〰〰〰〰〰〰〰〰〰〰〰〰〰〰〰〰〰〰

〰〰〰〰〰〰〰〰〰〰〰〰〰〰〰〰〰〰〰〰〰〰〰〰〰〰〰〰〰〰〰〰〰〰

〰〰〰〰〰〰〰〰〰〰〰〰〰〰〰〰〰〰〰〰〰〰〰〰〰〰〰〰〰〰〰〰〰〰

〰〰〰〰〰〰〰〰〰〰〰〰〰〰〰〰〰〰〰〰〰〰〰〰〰〰〰〰〰〰〰〰〰〰

〰〰〰〰〰〰〰〰〰〰〰〰〰〰〰〰〰〰〰〰〰〰〰〰〰〰〰〰〰〰〰〰〰〰

〰〰〰〰〰〰〰〰〰〰〰〰〰〰〰〰〰〰〰〰〰〰〰〰〰〰〰〰〰〰〰〰〰〰

〰〰〰〰〰〰〰〰〰〰〰〰〰〰〰〰〰〰〰〰〰〰〰〰〰〰〰〰〰〰〰〰〰〰

〰〰〰〰〰〰〰〰〰〰〰〰〰〰〰〰〰〰〰〰〰〰〰〰〰〰〰〰〰〰〰〰〰〰

〰〰〰〰〰〰〰〰〰〰〰〰〰〰〰〰〰〰〰〰〰〰〰〰〰〰〰〰〰〰〰〰〰〰

〰〰〰〰〰〰〰〰〰〰〰〰〰〰〰〰〰〰〰〰〰〰〰〰〰〰〰〰〰〰〰〰〰〰

필사하며 떠오른 한 줄 생각

The Old Man and the Sea
노인과 바다

저자 : Ernest Hemingway(어니스트 헤밍웨이)

My big fish must be somewhere.

내 거대한 물고기는 분명 어딘가에 있을 것이다.

"Man is not made for defeat."

"인간은 패배하도록 만들어 진 것이 아니다."

Now is no time to think of what you do not have. Think of what you can do with what there is.

지금은 갖고 있지 않은 것들을 생각할 때가 아니다. 지금 있는 것으로 무엇을 할 수 있는지를 생각해야 한다.

 단어 해설

• somewhere = 어딘가에
• defeat = 패배

필사한 날   년   월   일

필사하며 떠오른 한 줄 생각

A Little Princess
소공녀

저자 : Frances Hodgson Burnett(프랜시스 호지슨 버넷)

"Somehow, something always happens just before things get to the very worst. It is as if Magic did it. If I could only just remember that always. The worse thing never quite comes."

"있잖아, 일이 완전히 최악에 이르기 직전에 꼭 어떤 일이 일어나. 정말 마법인 것처럼 말이야. 그걸 항상 기억할 수만 있으면 좋을 텐데… 최악의 일은 정말 잘 오지 않아."

"Perhaps you can feel if you can't hear. Perhaps kind thoughts reach people somehow, even through windows and doors and walls. Perhaps you feel a little warm and comforted."

"어쩌면 들을 순 없어도 느낄 수는 있을지 몰라요. 친절한 생각들이 창문과 문, 벽을 통과해서라도 사람들에게 어떻게든 전해질지도요. 어쩌면 조금 따뜻하고 위로받는 기분이 들지도 몰라요."

"It's true," she said. "Sometimes I do pretend I am a princess. I pretend I am a princess, so that I can try and behave like one."

"그건 사실이야," 그녀가 말했다. "난 가끔 내가 공주라고 상상해. 공주라고 상상하면, 공주처럼 행동하려고 노력할 수 있으니까."

단어 해설

- somehow = 어쨌든, 어떻게든
- worst = 가장 나쁜 것, 최악
- perhaps = 어쩌면, 아마
- reach = 닿다, 전달되다
- comforted = 위로받은, 안심된
- pretend = ~인 척하다, 상상하다
- behave = 행동하다, 처신하다

따라 써보기

필사한 날 　　　　　년 　　　　월 　　　　일

필사하며 떠오른 한 줄 생각

Treasure Island
보물섬

저자 : Robert Louis Stevenson(로버트 루이스 스티븐슨)

"I've never seen good come of goodness yet"

"선하게 굴어서 좋은 일이 생기는 건 한 번도 본 적 없어."

"We must go on, because we can't turn back."

"우린 계속 앞으로 갈 수밖에 없어. 뒤로 돌아갈 수는 없으니까."

"If you keep on drinking rum, the world will soon be quit of a very dirty scoundrel!"

"럼주를 계속 마시다간, 곧 세상이 아주 더러운 악당 하나를 떼어낼 수 있게 될 걸세!"

 단어 해설

- seen = 본 (see의 과거분사)
- rum = 럼 (술의 종류)
- turn back = 되돌아가다
- quit = 없애다, 제거하다
- keep on = 계속하다
- scoundrel = 악당, 악한

필사한 날 ⬭ 년 ⬭ 월 ⬭ 일

필사하며 떠오른 한 줄 생각

Peter and Wendy
피터 팬

저자 : J. M. Barrie(제임스 매튜 배리)

The reason birds can fly and we can't is simply that they have perfect faith, for to have faith is to have wings.

새들이 날 수 있고 우리가 날 수 없는 이유는 단순하다. 그들은 완전한 믿음을 가지고 있기 때문이다. 믿음을 가진다는 것은 곧 날개를 가지는 것이다.

"The moment you doubt whether you can fly, you cease for ever to be able to do it."

"네가 날 수 있을지 없을지 의심하는 순간, 너는 영원히 날 수 없게 될 거야."

Stars are beautiful, but they may not take an active part in anything, they must just look on for ever.

별들은 아름답지만, 어떤 일에도 개입할 수 없이 영원히 바라보기만 해야 할지도 모른다.

 단어 해설

• reason = 이유
• faith = 믿음, 신뢰
• doubt = 의심하다
• whether = ~인지 아닌지
• cease = 멈추다, 중단하다
• be able to = ~할 수 있다
• may not = ~할 수 없다
• look on = 지켜보다, 바라보다

필사한 날   년   월   일

필사하며 떠오른 한 줄 생각

Pride and Prejudice
오만과 편견

저자 : Jane Austen(제인 오스틴)

"I am only resolved to act in that manner, which will, in my own opinion, constitute my happiness, without reference to you, or to any person so wholly unconnected with me"

"저는 오직 제 자신의 의견에 따라 저의 행복을 구성하는 방식으로만 행동하기로 했어요. 당신과도, 그리고 저와 아무런 관계도 없는 그 누구와도 상관없어요."

"Vanity and pride are different things, though the words are often used synonymously. A person may be proud without being vain. Pride relates more to our opinion of ourselves, vanity to what we would have others think of us."

"허영심과 오만함은 다른 거야. 사람들이 흔히 같은 뜻으로 쓰긴 하지만 말이지. 누구든 허영심 없이도 오만할 수 있어. 오만함은 우리 스스로를 어떻게 생각하는지에 가깝고, 허영심은 남들이 우리를 어떻게 봐줬으면 하는지에 더 가깝지."

"There is a stubbornness about me that never can bear to be frightened at the will of others. My courage always rises at every attempt to intimidate me."

"제게는 다른 사람들의 뜻에 겁먹는 것을 결코 견딜 수 없어 하는 고집스러운 면이 있어요. 저를 겁먹게 하려는 모든 시도에 제 용기는 언제나 더 솟아오르죠."

단어 해설

- resolved = 결심한, 결정한
- wholly = 완전히, 전적으로
- pride = 오만함, 자존심
- relates = 관련되다
- bear = 견디다, 참다
- attempt = 시도

- constitute = 구성하다, 이루다
- unconnected = 관련 없는, 연결되지 않은
- synonymously = 동의어로
- opinion = 의견
- frightened = 겁먹은
- intimidate = 위협하다, 겁주다

- reference = 참고, 언급
- vanity = 허영심
- vain = 허영심 있는
- stubbornness = 고집, 완고
- will = 의지, 뜻

필사한 날 　　　년 　　　월 　　　일

필사하며 떠오른 한 줄 생각

The Wonderful Wizard of Oz
오즈의 마법사

저자 : L. Frank Baum(라이먼 프랭크 바움)

"You have plenty of courage, I am sure. All you need is confidence in yourself. There is no living thing that is not afraid when it faces danger."

"확신하건대, 네겐 충분한 용기가 있어. 네게 필요한 건 오직 스스로에 대한 확신이야. 위험에 직면했을 때 두려워하지 않는 존재는 없으니까."

"The True courage is in facing danger when you are afraid, and that kind of courage you have in plenty."

"진정한 용기는 두려움을 느끼는 순간에도 위험을 마주하는 거야. 그리고 그런 용기는 이미 네 안에 충분히 있어."

"Experience is the only thing that brings knowledge, and the longer you are on earth the more experience you are sure to get."

"경험만이 지식을 가져다주는 유일한 것이야. 그리고 이 땅에서 오래 살수록 더 많은 경험을 얻기 마련이지."

단어 해설

- plenty of = 충분한, 많은
- face danger = 위험을 직면하다
- the longer ~ the more… = ~할수록 더 …하다
- living thing = 살아 있는 존재
- in plenty = 아주 많이, 넉넉히

필사한 날 [   ] 년 [   ] 월 [   ] 일

필사하며 떠오른 한 줄 생각

Winnie-the-Pooh
곰돌이 푸

저자 : A. A. Milne(앨런 알렉산더 밀른)

"A little Consideration, a little Thought for Others, makes all the difference."

"조금만 배려하고, 다른 사람을 조금만 생각해도 모든 것이 달라져."

"It is more fun to talk with someone who doesn't use long, difficult words but rather short, easy words like 'What about lunch?'"

"길고 어려운 단어를 쓰는 사람보다 '점심 어때?'처럼 짧고 쉬운 단어를 쓰는 사람과 이야기하는 게 더 재미있어."

Piglet sidled up to Pooh from behind.

"Pooh!" he whispered.

"Yes, Piglet?"

"Nothing," said Piglet, taking Pooh's paw. "I just wanted to be sure of you."

피글렛이 푸 뒤에서 살금살금 다가왔다.

"푸…" 피글렛이 속삭였다.

"왜 그래, 피글렛?"

"그냥…" 피글렛이 푸의 손을 꼭 잡으며 말했다. "네가 여기 있다는 걸 확인하고 싶었어."

📖 단어 해설

• consideration = 배려
• make a difference = 변화를 만들다, 큰 영향을 주다
• rather = 오히려
• sidle up = 살금살금 다가가다
• be sure of you = ~을 확신하다, ~의 존재/상태를 확인하다

필사한 날   년   월   일

필사하며 떠오른 한 줄 생각

Jane Eyre
제인 에어

저자 : Charlotte Bronte (샬럿 브론테)

I would always rather be happy than dignified.

난 언제나 체면보다 행복을 택할 거야.

"Life appears to me too short to be spent in nursing animosity or registering wrongs."

"인생은 원한을 품거나 남이 나한테 잘못한 걸 일일이 기억하며 살기엔 너무 짧아."

"Yet it would be your duty to bear it, if you could not avoid it: it is weak and silly to say you cannot bear what it is your fate to be required to bear."

"하지만 피할 수 없다면, 그걸 감당하는 것이 네 의무지. 감당해야 할 운명을 두고 '도저히 못 견디겠다'고 말하는 건 약하고 어리석은 일이야."

단어 해설

- would rather A than B = B보다는 A를 선택하겠다
- appear to = ~인 것 같다
- registering = 기록하다, 마음에 새기다
- too ~ to do = 너무 ~해서 ...할 수 없다
- bear = 견디다, 참다
- fate = 운명
- dignified = 품위 있는, 위엄 있는
- nursing = 기르다, 품다
- duty = 의무, 본분
- animosity = 원한, 적개심
- if you could not = 만약 당신이 ~할 수 없다면
- be required to = ~하도록 요구받다

필사한 날 　　　　년 　　　　월 　　　　일

필사하며 떠오른 한 줄 생각

The Age of Innocence
순수의 시대

저자 : Edith Wharton(이디스 워튼)

"The real loneliness is living among all these kind people who only ask one to pretend!"

"정말 외로운 건 겉으로만 친절한 사람들 틈에서 저도 늘 가식적으로 굴어야 한다는 거예요!"

"Everything may be labelled—but everybody is not."

"모든 사물엔 라벨이 붙어있을지 몰라도, 사람들은 아니에요."

"Marriage is one long sacrifice."

"결혼은 끝없는 희생이에요."

 단어 해설

• loneliness = 외로움, 고독
• pretend = 가식적으로 행동하다, 가장하다
• among = ~사이에서, ~가운데서
• sacrifice = 희생, 제물

필사한 날 　　　　 년 　　　　 월 　　　　 일

필사하며 떠오른 한 줄 생각

Wuthering Heights
폭풍의 언덕

저자 : Emily Bronte(에밀리 브론테)

"Honest people don't hide their deeds."

"정직한 사람이라면 자기 행동을 감출 이유가 없지요."

"Treachery and violence are spears pointed at both ends; they wound those who resort to them worse than their enemies."

"배신과 폭력은 양끝이 뾰족한 창과 같아서, 적보다 그것을 휘두르는 사람에게 더 깊은 상처를 주게 돼요."

"You shouldn't lie till ten. There's the very prime of the morning gone long before that time. A person who has not done one-half his day's work by ten o'clock, runs a chance of leaving the other half undone."

"열 시까지 누워 있어서는 안 돼요. 그때쯤이면 아침의 가장 좋은 시간이 이미 다 지나가 버리잖아요. 열 시까지 하루 일과의 절반도 해내지 못한 사람은 남은 절반도 못 끝낼 가능성이 커요."

단어 해설

- deeds = 행동, 행위
- spears = 창들
- long before = 훨씬 전에
- runs a chance of = ~할 위험이 있다
- treachery = 배신, 배반
- wound = 상처를 입히다
- one-half = 절반
- resort to = ~에 의존하다, ~을 사용하다
- violence = 폭력
- worse than = ~보다 더 나쁘게
- undone = 하지 않은, 미완성인

필사한 날 　　　　년 　　　　월 　　　　일

필사하며 떠오른 한 줄 생각

Black Beauty
블랙 뷰티

저자 : Anna Sewell(애나 슈얼)

"It is good people who make good places."

"좋은 장소는 좋은 사람들이 만듭니다."

"We call them dumb animals, and so they are, for they cannot tell us how they feel, but they do not suffer less because they have no words."

"우리는 그들을 말 못하는 동물이라고 부르고, 실제로 그렇습니다. 그들은 자신의 감정을 우리에게 말할 수 없으니까요. 하지만 말할 수 없다고 해서 고통을 덜 받는 것은 아닙니다."

"Many young animals are frightened and spoiled by wrong treatment, which need not be if the right man took them in hand."

"어린 말들이 잘못된 대우로 겁먹고 망가지는 일이 많은데, 올바른 사람이 맡아 주기만 한다면 이런 일이 없을 거라고 생각해요."

단어 해설

- took them in hand = 그들을 맡다, 돌보다
- the right man = 적절한 사람, 올바른 사람
- which need not be = 그럴 필요가 없는 것
- take in hand = 책임지고 돌보다, 맡다
- so they are = 실제로 그렇다
- spoiled = 버릇없어진, 망가진
- dumb = 말 못 하는, 벙어리의
- frightened = 겁에 질린, 무서워하는
- suffer = 고통받다, 괴로워하다
- treatment = 대우, 처우

따라 써보기

필사하며 떠오른 한 줄 생각

A Christmas Carol
크리스마스 캐럴

저자 : Charles Dickens(찰스 디킨스)

There is nothing in the world so irresistibly contagious as laughter and good-humour.

세상에서 웃음과 유쾌한 기분만큼 거부할 수 없을 정도로 전염성이 강한 것은 없다.

"Men's courses will foreshadow certain ends, to which, if persevered in, they must lead," said Scrooge. "But if the courses be departed from, the ends will change. Say it is thus with what you show me!"

"사람의 행로는 특정한 결말을 예고하며, 그 길을 계속 고집한다면 반드시 그 결말에 이르게 될 것이오." 스크루지가 말했다. "하지만 그 길에서 벗어난다면, 결말도 바뀔 것이오. 당신이 나에게 보여준 것도 그런 것이라고 말해주시오!"

"No space of regret can make amends for one life's opportunities misused!"

"아무리 많은 후회로도 잘못 쓴 인생의 기회들을 보상할 순 없어!"

 단어 해설

- irresistibly = 거부할 수 없을 정도로
- courses = 행로, 진로
- persevered in = 고집하다, 계속하다
- say it is thus = 그런 것이라고 말하다
- make amends = 보상하다, 배상하다
- contagious = 전염성이 있는
- foreshadow = 예고하다, 암시하다
- must lead = 반드시 이끌다
- departed from = ~에서 벗어나다
- misused = 잘못 사용된
- good-humour = 유머, 유쾌함
- regret = 후회
- opportunity = 기회

필사한 날   년   월   일

필사하며 떠오른 한 줄 생각

제3장

그때 그 노래,
추억의 번안곡

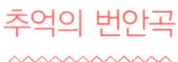

Home, Sweet Home

'Mid pleasures and palaces though we may roam,

Be it ever so humble, there's no place like home.

A charm from the sky seems to hallow us there,

Which, seek through the world, is ne'er met with elsewhere.

Home, home, sweet, sweet home,

There's no place like home.

Oh, there's no place like home!

Home, Sweet Home

• 작사: John Howard Payne   • 작곡: Henry Rowley Bishop

이 곡은 1823년 오페라 'Clari, or the Maid of Milan'을 위해 작곡된 가곡입니다. 미국의 극작가이자 배우인 존 하워드 페인이 작사하고, 영국의 작곡가 헨리 롤리 비숍이 작곡했습니다.

집과 고향에 대한 그리움을 노래한 대표적인 가곡으로, 19세기부터 전 세계적으로 사랑받아 왔으며, 많은 나라에서 번안되어 불렸습니다.

필사한 날 [　　　] 년 [　　　] 월 [　　　] 일

~~~~~~

~~~~~~

~~~~~~

~~~~~~

~~~~~~

~~~~~~

~~~~~~

~~~~~~

~~~~~~

~~~~~~

~~~~~~

~~~~~~

 단어 해설

- 'Mid = ~가운데에서 (Amid의 줄임말)
- humble = 초라한, 겸손한
- ne'er = 결코 ~하지 않는 (never의 시적 표현)
- palaces = 궁전들
- charm = 매력, 마법
- roam = 떠돌다, 방랑하다
- hallow = 거룩하게 하다

인터넷으로 찾아보시거나 기억을 되살려 우리 말 가사를 써보세요.

제목 :

가사 :

가사를 쓰며 느낀 점이나 떠오른 생각을 자유롭게 적어보세요.

영어 원문을 읽고, 나만의 느낌으로 가사를 번역해 보세요.

Home, Sweet Home

'Mid pleasures and palaces though we may roam,

Be it ever so humble, there's no place like home.

A charm from the sky seems to hallow us there,

Which, seek through the world, is ne'er met with elsewhere.

Home, home, sweet, sweet home,

There's no place like home.

Oh, there's no place like home!

Auld Lang Syne

Should auld acquaintance be forgot, and never brought to mind?

Should auld acquaintance be forgot, and auld lang syne?

For auld lang syne, my dear, for auld lang syne,

We'll tak a cup o' kindness yet, for auld lang syne.

And here's a hand my trusty friend, and give me a hand o' thine,

And we'll tak a right gude-willie waught, for auld lang syne.

For auld lang syne, my dear, for auld lang syne,

We'll tak a cup o' kindness yet, for auld lang syne.

Auld Lang Syne

•작사: Robert Burns   •작곡: 스코틀랜드 전통 민요

'Auld Lang Syne'은 스코틀랜드 방언으로 'old long since' 또는 'days gone by' (오래전부터, 지난 날들)이라는 의미입니다. 한국에서는 '석별의 정'이라는 제목으로 널리 알려져 있으며, 졸업식이나 송년회 등 헤어짐과 새로운 시작을 기념하는 자리에서 자주 불립니다. 이 가사는 스코틀랜드 방언 (Scots dialect)으로 쓰여 있어 일반 영어와 다른 독특한 표현들이 사용됩니다.

따라 써보기

필사한 날 [   ] 년 [   ] 월 [   ] 일

 단어 해설

- auld = 'old'의 스코틀랜드 방언. '오랜', '옛'.
- syne = 'since'의 스코틀랜드 방언. '이후', '이래로', 여기서는 '옛날'이라는 의미를 내포.
- auld lang syne = 'old long since' 즉, '오랜 옛날부터' 또는 '지난날들'이라는 의미의 관용구
- aquaintance = 아는 사람, 지인. 여기서는 '오랜 친구'를 의미
- tak = 'take'의 스코틀랜드 방언. '마시다', '들다'.

- o' (오) = 'of'의 줄임말.
- cup o' kindness = 우정을 나누는 잔, 즉 친구들과 함께 마시는 술잔을 의미
- ye'll = 'you will'의 줄임말 (스코틀랜드 방언).
- gude-willie = good will (선의, 진심)
- waught = draught (한 모금, 한 잔)
- right = proper, true (진정한, 제대로 된)

인터넷으로 찾아보시거나 기억을 되살려 우리 말 가사를 써보세요.

제목 :

가사 :

가사를 쓰며 느낀 점이나 떠오른 생각을 자유롭게 적어보세요.

영어 원문을 읽고, 나만의 느낌으로 가사를 번역해 보세요.

Auld Lang Syne

Should auld acquaintance be forgot, and never brought to mind?

Should auld acquaintance be forgot, and auld lang syne?

For auld lang syne, my dear, for auld lang syne,

We'll tak a cup o' kindness yet, for auld lang syne.

And here's a hand my trusty friend, and give me a hand o' thine,

And we'll tak a right gude-willie waught, for auld lang syne.

For auld lang syne, my dear, for auld lang syne,

We'll tak a cup o' kindness yet, for auld lang syne.

When You and I Were Young, Maggie

I wandered today to the hill, Maggie,

To watch the scene below,

The creek and the creaking old mill, Maggie,

As we used to long ago.

The green grove is gone from the hill, Maggie,

Where first the daisies sprung,

The creaking old mill is still, Maggie,

Since you and I were young.

And now we are aged and gray, Maggie,

And the trials of life nearly done,

Let us sing of the days that are gone, Maggie,

When you and I were young.

When You and I Were Young, Maggie

• 작사: George Washington Johnson　　• 작곡: James Austin Butterfield

1864년 캐나다 온타리오주 해밀턴의 학교 교사 조지 워싱턴 존슨이 자신의 제자이자 연인인 매기 (Maggie Clark)를 위해 쓴 시가 바탕이 된 가곡입니다. 두 사람은 1864년에 결혼했으나 매기는 결핵으로 인해 이듬해 5월 세상을 떠났습니다. 매기의 죽음 후, 존슨은 이 시를 친구인 제임스 오스틴 버터필드에게 부탁하여 곡으로 만들었습니다. 1866년에 출간된 이 곡은 미국 남북전쟁 이후 큰 인기를 얻으며 19–20세기 가장 사랑받는 곡 중 하나가 되었습니다.

따라 써보기

～～～～～～～～～～～～～～～～～～～～～～～～～～～～～～

～～～～～～～～～～～～～～～～～～～～～～～～～～～～～～

～～～～～～～～～～～～～～～～～～～～～～～～～～～～～～

～～～～～～～～～～～～～～～～～～～～～～～～～～～～～～

～～～～～～～～～～～～～～～～～～～～～～～～～～～～～～

～～～～～～～～～～～～～～～～～～～～～～～～～～～～～～

～～～～～～～～～～～～～～～～～～～～～～～～～～～～～～

～～～～～～～～～～～～～～～～～～～～～～～～～～～～～～

～～～～～～～～～～～～～～～～～～～～～～～～～～～～～～

～～～～～～～～～～～～～～～～～～～～～～～～～～～～～～

～～～～～～～～～～～～～～～～～～～～～～～～～～～～～～

 단어 해설

- wandered = 거닐었다, 돌아다녔다.
- scene = 풍경, 장면
- creek = 시냇물, 개울
- creaking = 삐걱거리는 (소리)
- mill = 방앗간, 제분소
- grove = 작은 숲, 숲
- daisies = 데이지꽃들 (daisy의 복수)

- sprung = 솟아났다, 피어났다 (spring의 과거분사)
- aged = 늙은, 나이 든
- gray = 회색의, 백발의
- trials = 시련들, 고난들
- nearly = 거의, 대부분
- done = 끝난, 완료된
- gone = 지나간, 사라진

인터넷으로 찾아보시거나 기억을 되살려 우리 말 가사를 써보세요.

제목 :

가사 :

가사를 쓰며 느낀 점이나 떠오른 생각을 자유롭게 적어보세요.

영어 원문을 읽고, 나만의 느낌으로 가사를 번역해 보세요.

When You and I Were Young, Maggie

I wandered today to the hill, Maggie,

To watch the scene below,

The creek and the creaking old mill, Maggie,

As we used to long ago.

The green grove is gone from the hill, Maggie,

Where first the daisies sprung,

The creaking old mill is still, Maggie,

Since you and I were young.

And now we are aged and gray, Maggie,

And the trials of life nearly done,

Let us sing of the days that are gone, Maggie,

When you and I were young.

Oh! Susanna

I come from Alabama with my banjo on my knee,

I'm going to Louisiana, my true love for to see.

It rained all night the day I left, the weather it was dry,

The sun so hot I froze to death, Susanna, don't you cry.

Oh! Susanna, oh don't you cry for me,

For I come from Alabama with my banjo on my knee.

Oh! Susanna

작사·작곡: Stephen Foster
1847년 21세의 스티븐 포스터가 작곡한 미국 최초의 대중음악 히트곡입니다. 1848년 출간된 이 곡은 그 이전까지 5,000부 이상 팔린 미국 노래가 없었던 시대에 무려 10만 부 이상이 판매되는 대성공을 거두었습니다. 앨라배마에서 온 한 남자가 밴조를 들고 루이지애나로 연인 수잔나를 만나러 가는 여행을 노래한 곡으로, "비가 내렸는데 날씨가 건조했다", "너무 더워서 얼어 죽었다" 같은 유머러스한 모순 표현이 특징입니다.

필사한 날 ⬭ 년 ⬭ 월 ⬭ 일

 단어 해설

- banjo = 밴조 (아프리카 기원의 현악기)
- Louisiana = 루이지애나 (미국 남부 주)
- froze = 얼었다 (freeze의 과거형)
- New Orleans = 뉴올리언스 (루이지애나주의 도시)

- surely = 분명히, 확실히
- die = 죽다
- dead = 죽은
- buried = 묻힌 (bury의 과거분사)

인터넷으로 찾아보시거나 기억을 되살려 우리 말 가사를 써보세요.

제목 :

가사 :

가사를 쓰며 느낀 점이나 떠오른 생각을 자유롭게 적어보세요.

영어 원문을 읽고, 나만의 느낌으로 가사를 번역해 보세요.

Oh! Susanna

I come from Alabama with my banjo on my knee,

I'm going to Louisiana, my true love for to see.

It rained all night the day I left, the weather it was dry,

The sun so hot I froze to death, Susanna, don't you cry.

Oh! Susanna, oh don't you cry for me,

For I come from Alabama with my banjo on my knee.

Home On The Range

Oh, give me a home where the buffalo roam,

Where the deer and the antelope play,

Where seldom is heard a discouraging word,

And the skies are not cloudy all day.

Home, home on the range,

Where the deer and the antelope play,

Where seldom is heard a discouraging word,

And the skies are not cloudy all day.

Home On The Range

•작사: Brewster M. Higley   •작곡: Daniel E. Kelley

1872년경 캔자스 주에 정착한 의사 브루스터 히글리가 'My Western Home'이라는 시로 작사한 미국 서부를 대표하는 민요입니다. 인디애나에서 이주한 히글리는 캔자스의 광활한 대평원에 감동하여 이 시를 썼고, 친구인 다니엘 켈리가 멜로디를 붙여 완성했습니다. 원래 시에는 'on the range'라는 표현이 없었으나, 서부 개척자들과 카우보이들 사이에서 구전되면서 현재의 형태로 발전했습니다. 1947년 캔자스 주의 공식 주가로 채택되었으며, 미국 서부의 비공식 국가(國歌)로 불립니다.

따라 써보기

〰〰〰〰〰〰〰〰〰〰〰〰〰〰〰〰〰〰〰〰〰〰〰〰〰〰〰〰〰〰

〰〰〰〰〰〰〰〰〰〰〰〰〰〰〰〰〰〰〰〰〰〰〰〰〰〰〰〰〰〰

〰〰〰〰〰〰〰〰〰〰〰〰〰〰〰〰〰〰〰〰〰〰〰〰〰〰〰〰〰〰

〰〰〰〰〰〰〰〰〰〰〰〰〰〰〰〰〰〰〰〰〰〰〰〰〰〰〰〰〰〰

〰〰〰〰〰〰〰〰〰〰〰〰〰〰〰〰〰〰〰〰〰〰〰〰〰〰〰〰〰〰

〰〰〰〰〰〰〰〰〰〰〰〰〰〰〰〰〰〰〰〰〰〰〰〰〰〰〰〰〰〰

〰〰〰〰〰〰〰〰〰〰〰〰〰〰〰〰〰〰〰〰〰〰〰〰〰〰〰〰〰〰

〰〰〰〰〰〰〰〰〰〰〰〰〰〰〰〰〰〰〰〰〰〰〰〰〰〰〰〰〰〰

〰〰〰〰〰〰〰〰〰〰〰〰〰〰〰〰〰〰〰〰〰〰〰〰〰〰〰〰〰〰

〰〰〰〰〰〰〰〰〰〰〰〰〰〰〰〰〰〰〰〰〰〰〰〰〰〰〰〰〰〰

〰〰〰〰〰〰〰〰〰〰〰〰〰〰〰〰〰〰〰〰〰〰〰〰〰〰〰〰〰〰

〰〰〰〰〰〰〰〰〰〰〰〰〰〰〰〰〰〰〰〰〰〰〰〰〰〰〰〰〰〰

 ## 단어 해설

- buffalo = 들소, 버팔로 (북미의 대형 동물)
- roam = 돌아다니다, 배회하다
- antelope = 영양 (뿔이 있는 동물)

- seldom = 좀처럼 ~하지 않는, 드물게
- discouraging = 낙담시키는, 실망시키는
- range = 목장, 방목지 (가축이 풀을 뜯는 넓은 땅)

인터넷으로 찾아보시거나 기억을 되살려 우리 말 가사를 써보세요.

제목 :

가사 :

가사를 쓰며 느낀 점이나 떠오른 생각을 자유롭게 적어보세요.

영어 원문을 읽고, 나만의 느낌으로 가사를 번역해 보세요.

Home On The Range

Oh, give me a home where the buffalo roam,

Where the deer and the antelope play,

Where seldom is heard a discouraging word,

And the skies are not cloudy all day.

Home, home on the range,

Where the deer and the antelope play,

Where seldom is heard a discouraging word,

And the skies are not cloudy all day.

제4장

겨울밤의 아름다운 캐럴

Silent Night

Silent night, holy night,

All is calm, all is bright.

Round yon Virgin Mother and Child,

Holy infant so tender and mild.

Sleep in heavenly peace,

Sleep in heavenly peace.

Silent night, holy night,

Shepherds quake at the sight.

Glory stream from heaven above,

Heavenly hosts sing Hallelujah.

Christ, the Saviour is born,

Christ, the Saviour is born.

Silent Night

• 작사: Joseph Mohr   • 작곡: Franz Xaver Gruber

1818년 크리스마스 이브, 오스트리아 오베른도르프의 성 니콜라우스 교회 오르간이 고장 났습니다. 이에 보조 사제 요제프 모어는 2년 전 자신이 썼던 시를 떠올리고, 교사 프란츠 그루버에게 기타 반주에 맞는 멜로디를 요청했습니다. 그루버는 하룻밤 만에 곡을 완성했고, 그날 밤 두 사람은 기타 반주에 맞춰 이 노래를 처음 불렀습니다. 이렇게 탄생한 "고요한 밤 거룩한 밤"은 이후 수많은 언어로 번안되며 전 세계인의 마음을 사로잡는 크리스마스 명곡이 되었습니다.

따라 써보기

필사한 날 ⬭ 년 ⬭ 월 ⬭ 일

 단어 해설

- yon = 저기 (= that over there)
- Virgin = 처녀, 동정녀 (성모 마리아)
- infant = 갓난아기, 유아

- Saviour = 구세주
- hosts = 천군, 무리 (heavenly hosts = 천사들)
- quake = 떨다 (= tremble)

인터넷으로 찾아보시거나 기억을 되살려 우리 말 가사를 써보세요.

제목 :

가사 :

가사를 쓰며 느낀 점이나 떠오른 생각을 자유롭게 적어보세요.

영어 원문을 읽고, 나만의 느낌으로 가사를 번역해 보세요.

Silent Night

Silent night, holy night,

All is calm, all is bright.

Round yon Virgin Mother and Child,

Holy infant so tender and mild.

Sleep in heavenly peace,

Sleep in heavenly peace.

Silent night, holy night,

Shepherds quake at the sight.

Glory stream from heaven above,

Heavenly hosts sing Hallelujah.

Christ, the Saviour is born,

Christ, the Saviour is born.

Jingle Bells

Dashing through the snow in a one-horse open sleigh,

O'er the fields we go, laughing all the way.

Bells on bobtail ring, making spirits bright,

What fun it is to ride and sing a sleighing song tonight!

Jingle bells, jingle bells, jingle all the way!

Oh what fun it is to ride in a one-horse open sleigh!

Jingle bells, jingle bells, jingle all the way!

Oh what fun it is to ride in a one-horse open sleigh!

A day or two ago I thought I'd take a ride,

And soon Miss Fanny Bright was seated by my side.

The horse was lean and lank, misfortune seemed his lot,

He got into a drifted bank and we, we got upsot!

Jingle Bells

작사·작곡: James Lord Pierpont

'징글벨'은 1857년 'One Horse Open Sleigh'라는 제목으로 발표된 곡입니다. 놀랍게도 이 곡은 처음부터 크리스마스 노래가 아닌, 미국의 추수감사절 축하와 썰매 경주의 즐거움을 담은 노래로 작곡되었습니다. 가사에는 썰매를 타고 눈밭을 달리는 유쾌한 경험과 심지어 썰매가 뒤집어지는 익살스러운 상황까지 묘사되어 있습니다. 시간이 흐르며 그 활기찬 멜로디와 겨울 분위기 덕분에 "징글벨"은 자연스럽게 크리스마스를 대표하는 세계적인 명곡으로 자리매김했습니다.

필사한 날　　　　　년　　　　　월　　　　　일

단어 해설

- sleigh = 썰매 (말이 끄는 겨울용 탈것)
- one-horse = 말 한 마리의
- bobtail = 꼬리가 짧은 말
- dashing = 힘차게 달리는
- o'er = over의 시적 표현 (= 넘어서)
- jingle = 딸랑딸랑 울리다
- ring = (방울이) 울리다

- spirits = 기분, 마음
- bright = 밝은, 즐거운
- lean = 여윈, 마른
- lank = 길쭉하고 마른
- drifted = (바람에) 쌓인 (눈더미)
- upsot = upset의 옛날 표현 (뒤집어진)

인터넷으로 찾아보시거나 기억을 되살려 우리 말 가사를 써보세요.

제목 :

가사 :

가사를 쓰며 느낀 점이나 떠오른 생각을 자유롭게 적어보세요.

직접 번역해 보기

영어 원문을 읽고, 나만의 느낌으로 가사를 번역해 보세요.

Jingle Bells

Dashing through the snow in a one-horse open sleigh,

O'er the fields we go, laughing all the way.

Bells on bobtail ring, making spirits bright,

What fun it is to ride and sing a sleighing song tonight!

Jingle bells, jingle bells, jingle all the way!

Oh what fun it is to ride in a one-horse open sleigh!

Jingle bells, jingle bells, jingle all the way!

Oh what fun it is to ride in a one-horse open sleigh!

A day or two ago I thought I'd take a ride,

And soon Miss Fanny Bright was seated by my side.

The horse was lean and lank, misfortune seemed his lot,

He got into a drifted bank and we, we got upsot!

Joy to the World

Joy to the world! The Lord is come.

Let earth receive her King.

Let every heart prepare Him room,

And heaven and nature sing,

And heaven and nature sing,

And heaven, and heaven, and nature sing.

Joy to the world! The Saviour reigns.

Let men their songs employ.

While fields and floods, rocks, hills, and plains,

Repeat the sounding joy,

Repeat the sounding joy,

Repeat, repeat the sounding joy.

Joy to the World

• 작사: Isaac Watts   • 작곡: Lowell Mason

'기쁘다 구주 오셨네'는 크리스마스 캐럴로 널리 불리지만, 원래는 아이작 와츠가 예수 그리스도의 재림과 통치를 찬양하며 쓴 시에서 시작되었습니다. '주님이 오셨네', '세상이 왕을 맞이하게 하라' 같은 가사는 그 강력한 메시지를 보여줍니다. 로웰 메이슨이 이 시에 웅장한 멜로디를 붙여, 예수님의 탄생은 물론 그분의 왕 되심을 기리는 크리스마스 찬송가로 자리 잡았습니다.

필사한 날 　　　　　년 　　　　　월 　　　　　일

~~~~~~

~~~~~~

~~~~~~

~~~~~~

~~~~~~

~~~~~~

~~~~~~

~~~~~~

~~~~~~

~~~~~~

~~~~~~

~~~~~~

 단어 해설

- Lord = 주님 (예수 그리스도)
- let = ~하게 하라 (명령문)
- room = 자리, 공간 (여기서는 마음의 자리)
- Saviour = 구세주, 구원자

- reign = 다스리다, 통치하다
- receive = 받아들이다, 맞이하다
- employ = 사용하다, 바치다
- repeat = 되풀이하다, 반복하다

인터넷으로 찾아보시거나 기억을 되살려 우리 말 가사를 써보세요.

제목 :

가사 :

가사를 쓰며 느낀 점이나 떠오른 생각을 자유롭게 적어보세요.

영어 원문을 읽고, 나만의 느낌으로 가사를 번역해 보세요.

Joy to the World

Joy to the world! The Lord is come.

Let earth receive her King.

Let every heart prepare Him room,

And heaven and nature sing,

And heaven and nature sing,

And heaven, and heaven, and nature sing.

Joy to the world! The Saviour reigns.

Let men their songs employ.

While fields and floods, rocks, hills, and plains,

Repeat the sounding joy,

Repeat the sounding joy,

Repeat, repeat the sounding joy.

Deck the Halls

Deck the halls with boughs of holly, fa-la-la-la-la, la-la-la-la.

'Tis the season to be jolly, fa-la-la-la-la, la-la-la-la.

Don we now our gay apparel, fa-la-la, la-la-la, la-la-la.

Troll the ancient Yuletide carol, fa-la-la-la-la, la-la-la-la.

See the blazing Yule before us, fa-la-la-la-la, la-la-la-la.

Strike the harp and join the chorus. fa-la-la-la-la, la-la-la-la.

Follow me in merry measure, fa-la-la, la-la-la, la-la-la.

While I tell of Yuletide treasure, fa-la-la-la-la, la-la-la-la.

Fast away the old year passes, fa-la-la-la-la, la-la-la-la.

Hail the new, ye lads and lasses, fa-la-la-la-la, la-la-la-la.

Sing we joyous, all together, fa-la-la, la-la-la, la-la-la.

Heedless of the wind and weather, fa-la-la-la-la, la-la-la-la.

Deck the Halls

• 작사: Thomas Oliphant   • 작곡: 웨일스 민요

크리스마스와 연말을 축하하는 밝은 분위기의 캐럴이지만, 원래는 웨일스 전통 민요 'Nos Galan' (새해 전날 노래)에서 멜로디가 시작되었습니다. 1862년 토머스 올리펀트가 영어 가사를 붙여 지금 의 형태가 되었고, '집을 호랑가시 나무로 꾸미자', '즐거운 계절이다' 같은 가사는 따뜻한 연말 분위 기를 잘 보여줍니다. 경쾌한 멜로디와 반복되는 "fa-la-la-la-la" 후렴 덕분에 크리스마스를 대표하 는 신나는 캐럴로 널리 사랑받고 있습니다.

따라 써보기

~~~~~~

~~~~~~

~~~~~~

~~~~~~

~~~~~~

~~~~~~

~~~~~~

~~~~~~

~~~~~~

~~~~~~

~~~~~~

 ## 단어 해설

- boughs of holly = 호랑가시나무 가지.
- Don we = '입다'의 고어체 (put on)
- Tis = 'It is'의 줄임말 (옛날 표현)
- gay apparel = 화려한/밝은 옷차림
- troll = 큰 소리로 흥겹게 부르다
- Yule tide = 'Yule'은 고대 게르만족의 겨울 축제에서 유래한 말로, 크리스마스 시즌을 의미

- blazing Yule = 활활 타오르는 크리스마스 장작불. 전통적인 겨울 축제의 상징
- lads and lasses = 소년들과 소녀들 (남녀 젊은이들을 아우르는 표현)
- heedless of = ~에 개의치 않고, ~에 상관없이

인터넷으로 찾아보시거나 기억을 되살려 우리 말 가사를 써보세요.

제목 :

가사 :

가사를 쓰며 느낀 점이나 떠오른 생각을 자유롭게 적어보세요.

영어 원문을 읽고, 나만의 느낌으로 가사를 번역해 보세요.

Deck the Halls

Deck the halls with boughs of holly, fa-la-la-la-la, la-la-la-la.

'Tis the season to be jolly, fa-la-la-la-la, la-la-la-la.

Don we now our gay apparel, fa-la-la, la-la-la, la-la-la.

Troll the ancient Yuletide carol, fa-la-la-la-la, la-la-la-la.

See the blazing Yule before us, fa-la-la-la-la, la-la-la-la.

Strike the harp and join the chorus. fa-la-la-la-la, la-la-la-la.

Follow me in merry measure, fa-la-la, la-la-la, la-la-la.

While I tell of Yuletide treasure, fa-la-la-la-la, la-la-la-la.

Fast away the old year passes, fa-la-la-la-la, la-la-la-la.

Hail the new, ye lads and lasses, fa-la-la-la-la, la-la-la-la.

Sing we joyous, all together, fa-la-la, la-la-la, la-la-la.

Heedless of the wind and weather, fa-la-la-la-la, la-la-la-la.

O Christmas tree

O Christmas tree, O Christmas tree, thy leaves are so unchanging.

O Christmas tree, O Christmas tree, thy leaves are so unchanging.

Not only green when summer's here, but also when 'tis cold and drear.

O Christmas tree, O Christmas tree, thy leaves are so unchanging.

O Christmas tree, O Christmas tree, much pleasure thou can'st give me.

O Christmas tree, O Christmas tree, much pleasure thou can'st give me.

How often has the Christmas tree, afforded me the greatest glee!

O Christmas tree, O Christmas tree, much pleasure thou can'st give me.

O Christmas Tree

• 작사: Ernst Anschütz   • 작곡: 독일 전통 민요
'O Christmas Tree'는 독일의 전통 크리스마스 캐롤 'O Tannenbaum'의 영어 번역 버전입니다. 이 곡은 사계절 내내 푸른 잎을 유지하는 전나무(Tannenbaum)의 변하지 않는 모습을 통해 희망과 신실함의 상징을 노래합니다. 독일에서는 전나무가 영원한 생명과 불변의 신앙을 의미하는 신성한 나무로 여겨졌으며, 이러한 문화적 배경이 가사에 깊이 반영되어 있습니다. 우리나라에서는 '소나무야'라는 노래로 알려져 있습니다.

따라 써보기

필사한 날 　　　년 　　　월 　　　일

 단어 해설

- thy = your (네, 너의) – 시적/고전적 표현
- unchanging = 변하지 않는, 불변의
- not only... but also = ~뿐만 아니라 ~도
- it's = it is (그것은 ~이다) – 고전적 줄임말
- drear = dreary의 줄임말 (을씨년스러운, 쓸쓸한)
- thou = you (너) – 고전적 2인칭 대명사

- can'st = can (할 수 있다) – thou와 함께 쓰는 고전 동사 형태
- afforded = 제공했다, 주었다
- greatest = 가장 큰
- glee = 기쁨, 즐거움 (특히 큰 기쁨)

우리 말 가사 써보기

인터넷으로 찾아보시거나 기억을 되살려 우리 말 가사를 써보세요.

제목 :

가사 :

가사를 쓰며 느낀 점이나 떠오른 생각을 자유롭게 적어보세요.

영어 원문을 읽고, 나만의 느낌으로 가사를 번역해 보세요.

O Christmas Tree

O Christmas tree, O Christmas tree, thy leaves are so unchanging.

O Christmas tree, O Christmas tree, thy leaves are so unchanging.

Not only green when summer's here, but also when 'tis cold and drear.

O Christmas tree, O Christmas tree, thy leaves are so unchanging.

O Christmas tree, O Christmas tree, much pleasure thou can't give me.

O Christmas tree, O Christmas tree, much pleasure thou can't give me.

How often has the Christmas tree, afforded me the greatest glee!

O Christmas tree, O Christmas tree, much pleasure thou can'st give me.

We Wish You a Merry Christmas

We wish you a Merry Christmas, we wish you a Merry Christmas.
We wish you a Merry Christmas and a Happy New Year!

Good tidings we bring to you and your kin.
Good tidings for Christmas and a Happy New Year!

Oh, bring us some figgy pudding, oh, bring us some figgy pudding.
Oh, bring us some figgy pudding and a cup of good cheer!

We won't go until we get some, we won't go until we get some.
We won't go until we get some, so bring some out here!

Good tidings we bring to you and your kin,
Good tidings for Christmas and a Happy New Year!

We wish you a Merry Christmas, we wish you a Merry Christmas.
We wish you a Merry Christmas and a Happy New Year!

We Wish You a Merry Christmas

작사·작곡: 미상
이 노래는 영국의 캐럴링(Caroling)이라는 풍습에서 유래했습니다. 캐럴링은 크리스마스에 집집마다 돌며 노래하고 음식을 받는 영국 풍습입니다. 크리스마스 인사에서 시작하여 무화과 푸딩을 달라고 요구하는 유쾌한 내용으로, "못 받으면 안 갈 거예요"라는 장난스러운 가사가 캐럴러들의 유머를 잘 표현합니다.

따라 써보기

~~~~~~

~~~~~~

~~~~~~

~~~~~~

~~~~~~

~~~~~~

~~~~~~

~~~~~~

~~~~~~

~~~~~~

~~~~~~

~~~~~~

~~~~~~

📖 단어 해설

• tidings = 소식, 소식 (옛날 영어)

• kin = 가족, 친척 (= family/relatives)

• figgy pudding = 무화과 푸딩 (영국 전통 크리스마스 디저트)

인터넷으로 찾아보시거나 기억을 되살려 우리 말 가사를 써보세요.

제목 :

가사 :

가사를 쓰며 느낀 점이나 떠오른 생각을 자유롭게 적어보세요.

직접 번역해 보기

영어 원문을 읽고, 나만의 느낌으로 가사를 번역해 보세요.

We Wish You a Merry Christmas

We wish you a Merry Christmas, we wish you a Merry Christmas.

We wish you a Merry Christmas and a Happy New Year!

Good tidings we bring to you and your kin.

Good tidings for Christmas and a Happy New Year!

Oh, bring us some figgy pudding, oh, bring us some figgy pudding.

Oh, bring us some figgy pudding and a cup of good cheer!

We won't go until we get some, we won't go until we get some.

We won't go until we get some, so bring some out here!

Good tidings we bring to you and your kin,

Good tidings for Christmas and a Happy New Year!

We wish you a Merry Christmas, we wish you a Merry Christmas.

We wish you a Merry Christmas and a Happy New Year!

영어 문장을 따라 쓰며
펜 끝에 집중했던 이 시간이
조용한 휴식으로 남기를 바랍니다.

A quiet moment, just for yourself.